钩编软软的日式毛线鞋

ROOM SHOES

[日] E&G 创意 / 编著

刘雨洁 / 译

中国纺织出版社

目录

 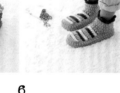

重点课程 4

1~4 图片／p.8 编织方法／p.10

脚后跟的编织方法 ＊长针2针并1针

1
用长针2针并1针，将脚后跟缝合起来（在反面编织）。锁3针作为起针，然后开始在针上挂线，在第7行第3针起针的地方，如图中箭头所示插入钩针，将"未完成的长针"完成。

2
图示为3针锁针起针的部分和未完成的长针编织连接起来的样子。接着在钩针上挂线，然后抽出钩针。右上的图片为2针并1针之后的样子。

3
第2针也用同样的方法，如图按照1、2的顺序将未完成的长针钩完。

4
图示为未完成的长针与2针一起编织的样子。接着在钩针上挂线，按照图示箭头的方向将钩针穿过3个线圈。

＊最后，抽出钩针使脚后跟缝合。

5
长针2针并1针完成。剩下的5针也用同样的方法编织。

6
最后，如箭头所示方向在第7行的第9针和第10针中间插入钩针，然后抽出。

7
抽出后如图所示。

8
脚后跟做好了。然后整理一下线，再翻过来，用边缘编织法收边。

5~8 图片／p.13 编织方法／p.14

作品6的制作方法：在编织花样之前用黄色线编织主体部分，另外的橘色线是底线，茶色线是配色线。在替换颜色时，用上一个颜色的线将未完成的部分进行短针单面编织，用下一个颜色的线引拔勾出。

花样的编织方法

1
花样编织部分的第1行结尾处，将钩针挂上新线（橘色），然后向编好线（黄色）的方向抽出钩针。

2
替换底线的地方。然后继续，在底线的起头处锁1针。

3
接下来，用底线编织2针短针后，编织第3针未完成的短针，为了在第4针的地方编入配色线（茶色），需要将配色线挂在钩针上，然后如图中箭头所示方向抽出。
*将主体色的线（黄色）和底线的线头连接起来。

4
配色线替换底线的地方。

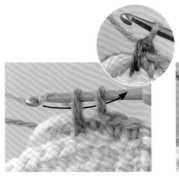

5

编织好第4针半完成的短针后，将底线挂在针上，如箭头所示方向引拔抽出。右上的小图为，引拔抽出后，钩针上的线替换成了底线。

6

第5针、第6针用底线将配色线包裹起来钩，编织好第7针半完成的短针后，换成配色线挂在针上，然后按照箭头指示方向将线引拔抽出。右上的小图为，引拔抽出后替换成配色线的样子。

7

编织好第8针半完成的短针后，换成底线在针上挂线，按照箭头指示方向引拔抽出。右上的图片为引拔抽出后，配色线替换成底线后的样子。

8

图为编织好一段的样子。*如果要替换不同颜色的线，完成1针时，就要用替换的线来引拔抽出。不替换颜色的话，就要将包裹暂时没有编织的线来钩织。

21·22 图片/p.40 编织方法/p.42

羊毛毡鞋底和脚背的缝合方法（引拔缝合）

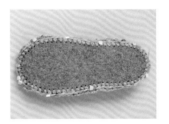

1

参照p.42，在羊毛毡鞋底编织1行短针编织。将编织好的脚背部分和鞋底正面拼合，缝合时注意平整对齐。*注意：弧线部分要稍微收缩一点，最后要确认一下左右两侧的花纹是否相称。

2

正面完成的样子。

3

底面完成的样子。

4

底面朝自己，将针同时插入鞋底一圈短针的脚后跟一侧的第1针，和脚背部分最边缘1针的内侧，然后将底部预留下来的线头（为了拆解方便，用不同颜色的线）引拔抽出。

5

按照箭头所示方向将针插入，挂线后引拔抽出。

6

引拔抽出1针的样子。重复"将针同时插入底部短针编织的第1针，和脚背部分最边缘1针的内侧，然后引拔抽出"，以此方法将脚背和鞋底缝合。

7

从鞋底看到的引拔缝合部分的样子。

8

脚背的引拔缝合部分。这样编织完一圈以达到完全缝合，编织时一定要注意齐整。

9 图片/p.16 编织方法/p.18

主体的圈织部分 ＊短针单面编织的编织方法

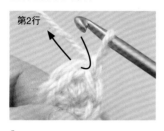

1
从第2行开始，钩住上1行针的背面一侧的半针，然后编织短针单面编织。编织立针（起针）的1针锁针，按照箭头方向将针插入，挂线然后抽出。

2
抽出线后的样子。再一次挂线，按照箭头所示方向将2个线圈一起引拔抽出。

3
图为编织好1针短针的样子。

4
第2行钩织好1圈的样子。在正面可以看出，前1行朝向自己这一侧的半针变成了一条连贯的线。

主体的往返编织部分 ＊编织出条状纹路

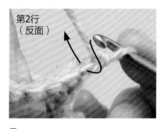

1
逐圈编织22行后，继续往返编织（为了方便理解，这里替换成不同颜色的线编织）。第1行，钩住前1行针的背面一侧的半针，然后进行短针编织。

2
第1行编织完成（正面视图）。正面可以看出，前1行朝向自己一侧的半针变成了一条线。

3
将偶数行变换到反面来编织。为了使正面成一条线的效果，钩住上1行朝向自己一侧的半针，然后进行短针编织。

4
第2行编织完成。

辫子小环的编织方法

5
第3行，钩住上1行的针的背面的半针，进行短针编织。图为编织好一段的样子。这样，第1行和第2行正面都形成了一条线。

1
开始编织主体部分，将针插入第1行短针编织的朝向自己一侧的半针形成的线里面，然后抽出线圈钩锁针。

2
线圈锁针5针的样子（为了方便理解，这里替换成不同颜色线）。继续编织，钩住第1行第2针的朝向自己一侧的半针形成的线里，然后引拔抽出。

3
图为引拔抽出后，主体部分第1行上编织好1个环的样子。然后重复"锁5针，钩住下一针朝向自己一侧的半针，然后引拔抽出"。

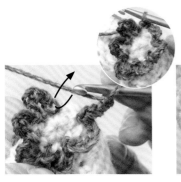

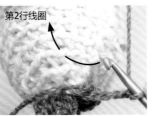
第2行线圈

4
在第1行线圈全部钩好时，将最后1针和最开始的1针引拔编织。右上图为引拔后，第1行小环全部钩好的样子。

5
继续锁5针，将主体的第3行立起，钩住第3行与第2行线圈交接位置朝向自己一侧的半针，然后引拔抽出。

6
引拔后的样子。继续重复"锁5针，钩下一针朝向自己一侧的半针，然后引拔抽出"。

7
第2行钩好1个小环的样子。

8
第1行的第5个线圈钩好后，在朝自己一侧的半针上钩1针3卷长针。在钩针上卷3圈，将针按照箭头指示方向插入，编织完成3卷长针。

9
钩完3卷长针编织，第2行小环钩织完成。

10
参照编织图，钩住奇数行靠近自己一侧的半针，锁5针钩至脚背。图为编织至主体部分第5行的立体钩花。

继续钩织，按照记号图的指示，编织线圈至18行。图为从底面看到的完成效果。鞋底不钩线圈。

15 图片／p.28 编织方法／p.30

1针长针和3针中长针的变形枣形针的交叉

1
按照1、2的顺序编织。首先，在1的位置编织长针。*为了方便理解，这里变换不同颜色的线编织。

2
长针编好的样子。继续编织，在2的位置，编织3针中长针的变形枣形针。

3
3针中长针的变形枣形针的编织方法。编织3针半完成的中长针，针上挂线，再按照箭头指示方向将6个线圈一起引拔抽出（左图）。再次挂线，将剩下的2个线圈引拔抽出（中图）。1针长针和3针中长针的变形枣形针的交叉就完成了（右图）。

选择自己喜欢的颜色，来一次奇妙的创作吧！

1

2

条纹圆筒长针花样款

Guru Guru & Shima Shima

开始编织时，连鞋底也要一起编织的话要怎么做呢？即使使用同一色系编织，
也可以用不同的编织花样或者不同材料的条纹花样来变换不同的搭配。
因为使用粗毛线编织，所以不用花太长时间就可以完成。

编织方法／p.10　重点课程／p.4　设计／早川靖子

1~4 条纹圆筒长针花样款　　图片／p.8，p.9　重点课程／p.4

＊材料和工具

线：SKI Primo Kuchen品牌毛线

1　郁金香粉（303）60g
2　绿色（306）60g
3　褐色（305）85g、绿色（306）25g
4　黑色（311）60g、郁金香粉（303）50g

SKI Primo Tail品牌毛线

1　粉色（4104）40g
2　黄色（4105）40g

针：8/0号钩针

＊成品尺寸　参照图

＊编织方法（通用）

1. 从脚趾处开始编织。绕线圈起针，然后开始长针编织。
2. 从第2行（3款为从脚趾开始第5行）开始换线编织。线圈开始从正面编织，长针编织7行。
3. 换线后编织鞋口。每一行都交替方向编织，编织7行。
4. 从第8行开始，从背面起针编织，长针2针并1针，编完时，用钩针插入第7行的中央，再抽出钩针（参照p.4的重点课程）。
5. 将鞋口的边缘用缘编织收边。

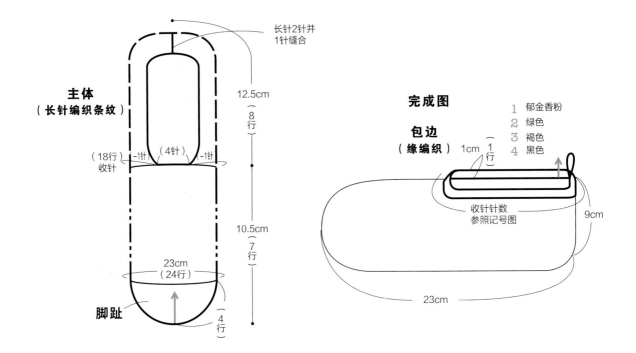

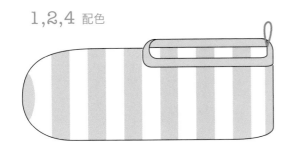

1,2,4 配色

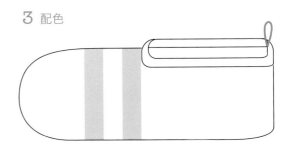

3 配色

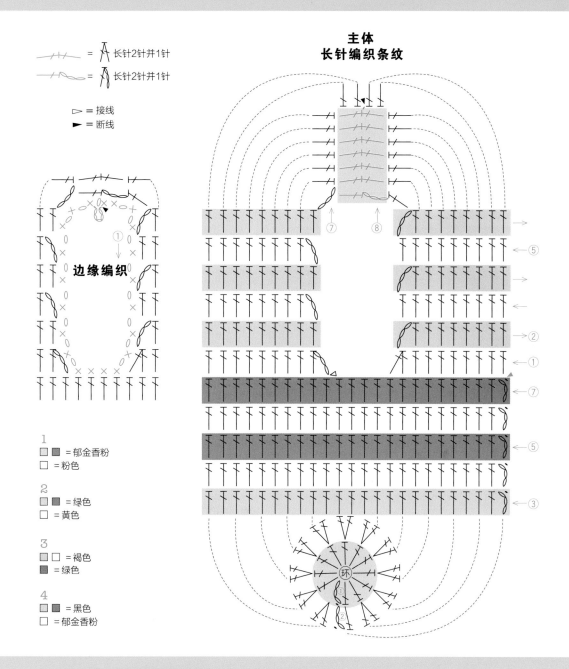

= 长针2针并1针

= 长针2针并1针

▷ = 接线

► = 断线

主体
长针编织条纹

边缘编织

1
■ □ =郁金香粉
□ =粉色

2
□ ■ =绿色
□ =黄色

3
□ □ =褐色
■ =绿色

4
■ ■ =黑色
□ =郁金香粉

⑦ ⑧ ⑤ ② ① ⑦ ⑤ ③

环

●p.54 **27,28 可爱的小水珠鞋襻款**

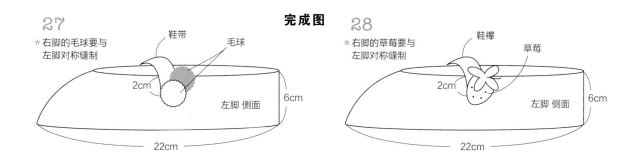

27

＊右脚的毛球要与
左脚对称缝制

鞋带

毛球

2cm

左脚 侧面

6cm

22cm

完成图

28

＊右脚的草莓要与
左脚对称缝制

鞋襻

草莓

2cm

左脚 侧面

6cm

22cm

还有各种图案哦!

北欧风格主题花样款

Eight star, Flower & Bird

一说到北欧风情款，八角星、花朵、鸟儿等主题编织花样都是经典款。
用短针编织圆筒形的鞋子，编织的针法会稍稍倾斜，但用短针单面编织的话就没有问题。
如果您喜欢某款花样，可以试试用纯色编织，也一定会很好看哦。

编织方法／p.14　重点课程／p.4　设计／大人手芸部　制作／桥本八重子、古川晴子

5~8 北欧风格主题花样款 图片／p.12，p.13 重点课程／p.4

＊材料和工具

线：Hamanaka Fairlady 50 品牌毛线

5 蓝色（107）70g、黄色（98）·象牙色（2）各5g

6 奶油色（95）70g、橘色（57）·茶色（99）·绿色
（89）·橘粉色（76）各5g

7 淡茶色（43）70g、红色（21）·象牙色（2）各5g

8 藏青（27）70g、白色（1）10g，红色（21）5g

针：4/0号钩针

＊成品尺寸 参照图

＊编织方法（通用）

1. 从脚趾处开始编织。绕线圈起针，然后开始编织6针短针。

2. 从第2行开始正面编织，在线圈上钩10行短针。

3. 继续钩短针花样。在第1行的结尾处，2针并1针，即每2针减掉1针。5、6款钩18行，7、8款编织19行。

4. 换线后钩鞋口。每行都交替方向钩织，编织24行。

5. 脚后跟处换线钩织。从主体部分开始钩织14行，每行10针。

6. 主体的结尾部分与脚后跟的14行缝合（按照图中标记）。

7. 参照图示，将鞋口用缘编织收边。

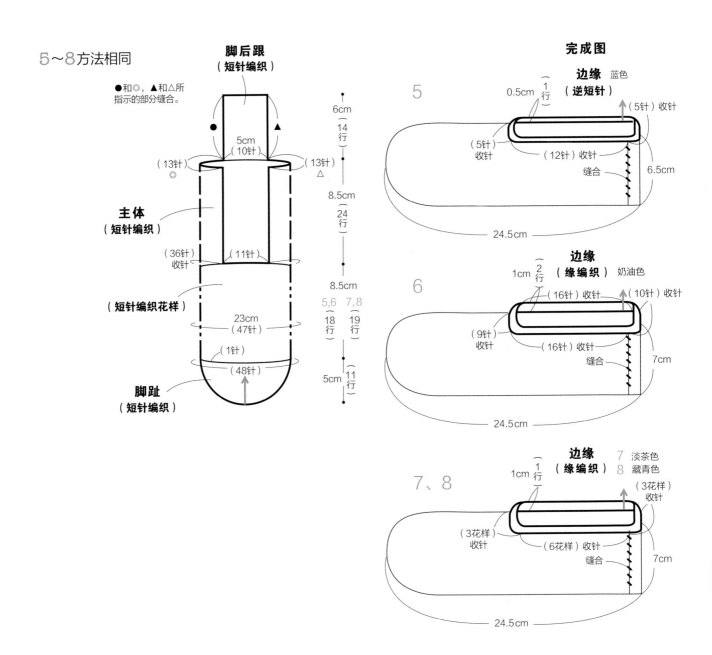

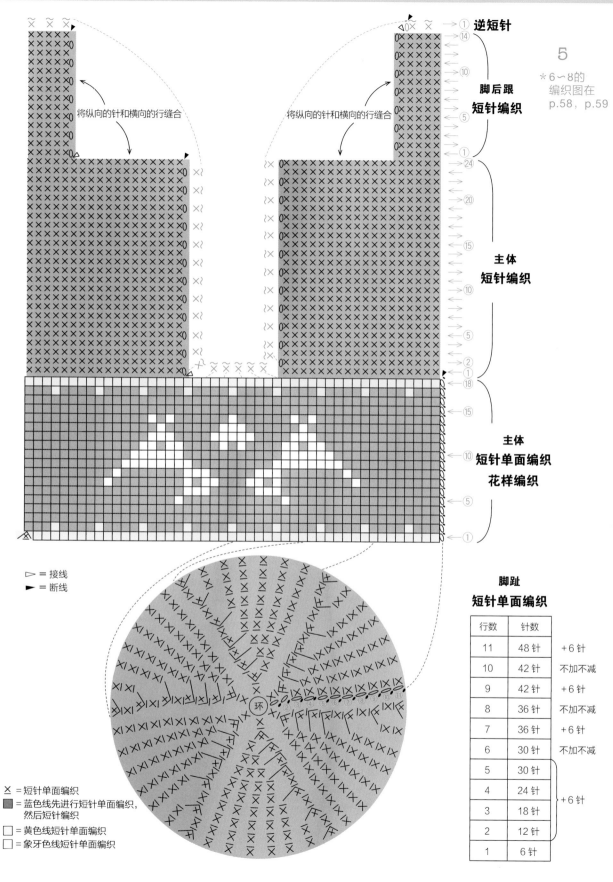

① 逆短针

5

*6～8的
编织图在
p.58，p.59

脚后跟
短针编织

将纵向的针和横向的行缝合

主体
短针编织

主体
短针单面编织
花样编织

▷ = 接线
► = 断线

✕ = 短针单面编织

■ = 蓝色线先进行短针单面编织，
然后短针编织

□ = 黄色线短针单面编织

□ = 象牙色线短针单面编织

脚趾
短针单面编织

行数	针数	
11	48针	+6针
10	42针	不加不减
9	42针	+6针
8	36针	不加不减
7	36针	+6针
6	30针	不加不减
5	30针	+6针
4	24针	
3	18针	
2	12针	
1	6针	

●6、8的编织方法在p.57

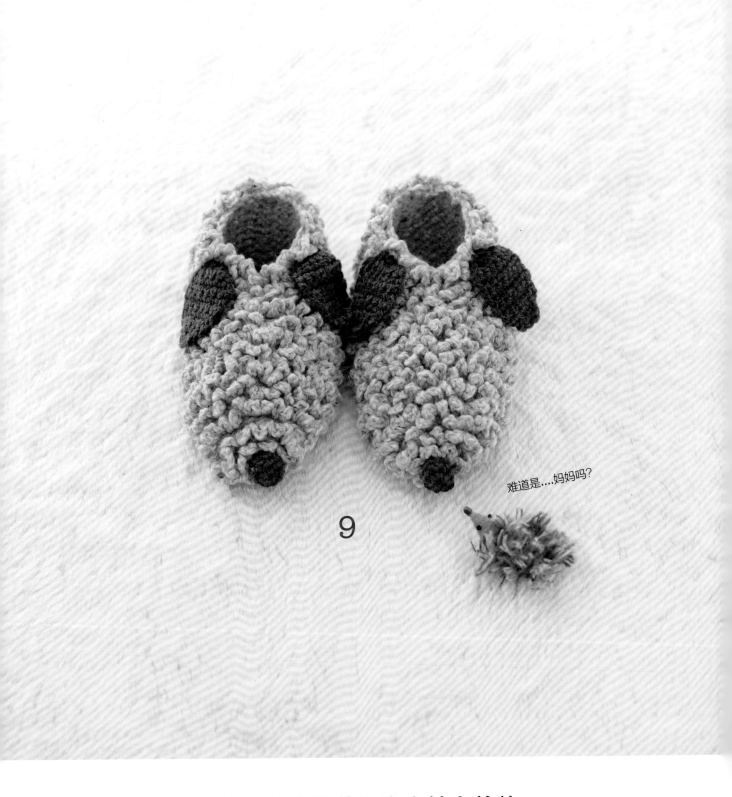

难道是....妈妈吗?

9

泡泡针小狗款和泡泡针小羊款
Moko moko! Dog & Sheep

10

泡泡针编织成小狗款和小羊款的鞋子，有一种更可爱的感觉。
主体的单面编织部分，从后面开始编织锁针线圈。
改变耳朵或者鼻子的形状，还可以变换成别的动物哦。

编织方法／p.18　重点课程／p.6　设计／河合真弓　制作／栗原由美

9,10 泡泡针小狗款和泡泡针小羊款 图片／p.16，p.17 重点课程／p.6

＊材料和工具

线：Olympas Ever Tweed 品牌毛线

　　9　米色（62）150g，茶色（53）15g

　　10　象牙色（51）120g，深灰色（54）25g

针：7/0号钩针

＊成品尺寸　参照图

＊编织方法（通用）

1. 从脚趾处开始编织。绕线圈起针，然后编织6针短针。
2. 从第2行开始正面编织圆筒，短针单面编织脚趾部分和脚背部分一共22行。10款从第11行开始替换不同颜色的线编织。
3. 换线后编织鞋口。每行交替方向编织，为了在正面编织成条状纹路（参考p.6的重点课程），往返编织15行短针。其中第13~15行由于是脚后跟中央部分，所以要减针编织。如图毛线作停针处理。
4. 停针的线，用作编织鞋口的1行短针，然后再和脚后跟的半针卷针缝合。
5. 9款从脚趾处开始，10款从第11行开始，参照图中所示每隔1行编织1个线圈（参考p.6的重点课程）。
6. 编织各个装饰部件，然后缝合在鞋子上就完成了。

9

装饰部件用茶色编织。耳朵：锁3针起针，挑锁针的反面的针，然后开始编织短针，编织完成时，缝合在鞋子主体上。鼻子：用线头做一个线圈，编入8针短针作为第1行，然后在正面继续编织3行短针做成一个圆筒。将剩下的线头打结后缝合在主体上。

10

羊角：用线头做一个线圈，线圈不要抽紧然后编入6针短针作为第1行，正面继续编织做成一个圆筒。将剩下的线打结，并在开始的那一头封口，另一头抽紧做成角的形状，最后缝合在鞋子主体上。

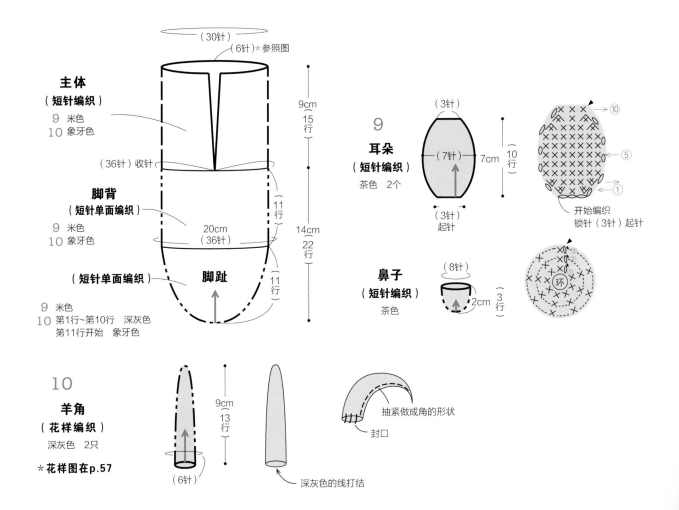

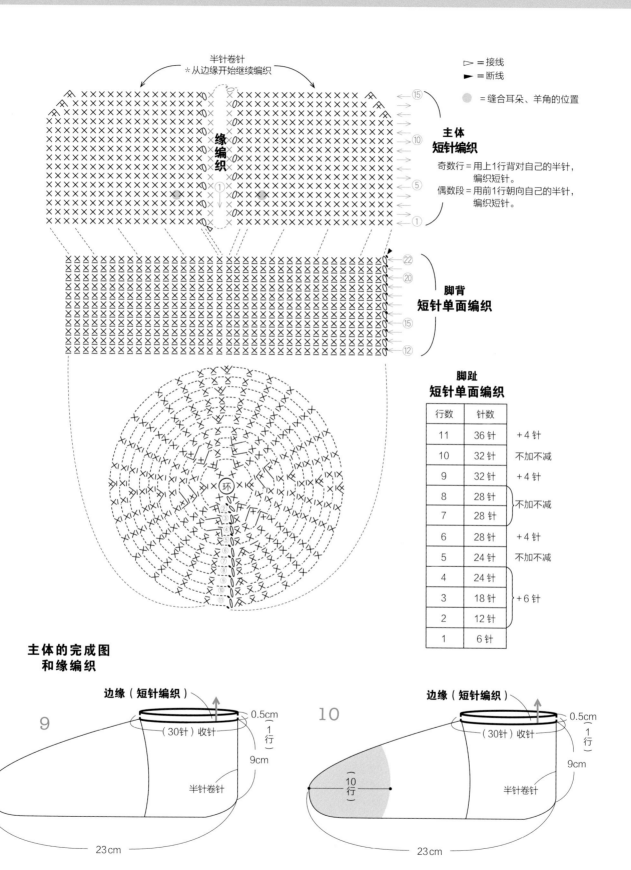

半针卷针
*从边缘开始继续编织

▷ = 接线
► = 断线
● = 缝合耳朵、羊角的位置

**主体
短针编织**

奇数行 = 用上1行背对自己的半针，
编织短针。

偶数段 = 用前1行朝向自己的半针，
编织短针。

缘编织

⑮
⑩
⑤
①

**脚背
短针单面编织**

㉒
⑳
⑮
⑫

**脚趾
短针单面编织**

行数	针数	
11	36针	+4针
10	32针	不加不减
9	32针	+4针
8	28针	不加不减
7	28针	
6	28针	+4针
5	24针	不加不减
4	24针	+6针
3	18针	
2	12针	
1	6针	

环

**主体的完成图
和缘编织**

9

边缘（短针编织）
0.5cm
1行
（30针）收针
9cm
半针卷针
23cm

10

边缘（短针编织）
0.5cm
1行
（30针）收针
9cm
（10行）
半针卷针
23cm

●线圈的编织方法，羊角的编织图在p.57

11

拼色六角形花样款

Hexagon Crochet Motif

可爱又倍感幸福的赠与！

12

一进家门，看见玄关处摆放的小巧可爱又颜色多彩的毛线鞋，是不是瞬间迸发暖暖的幸福感呢？
大小不一的泡泡针编织出来的鼓鼓的毛线线圈非常可爱哦。本款鞋子只是将4个六角形花片拼接起来就完成了，
编织方法如此简单，是不是更加令你觉得幸福满满！

编织方法／p.22　设计／Sachiyo*Fukao

11,12 拼色六角形花样款 图片／p.20，p.21

＊材料和工具

线：Ski Mariene品牌毛线

11　粉色（2405）55g，樱花粉（2404）50g

12　灰色（2431）55g，象牙色（2401）50g

Ski World Selection Fano品牌毛线

11　红色系（1105）40g

12　绿色系（1103）40g

针：7/0号钩针

＊成品尺寸　参照图

＊编织方法（通用）

1. 使用Fano毛线开始编织六角形主体图案。用线绕一个线圈，钩6针短针。

2. 从第2行开始，参照配色表，变换不同颜色的线编织到第8行。

3. 编织出4个同样的六角形。

4. 将编织好的六角形，都统一正面朝外。将鞋口处的六角形边预留出来，剩下的边参照图示按照①～③的顺序用Fano毛线钩六角形边缘的半针，将4个六角形拼缝起来。

5. 鞋口收边。第1行，将六角形图案的最边缘1行的锁针相对的半针挑针，编织成1个圈，然后继续编织下1个圈作为第2行。

六角形

4枚

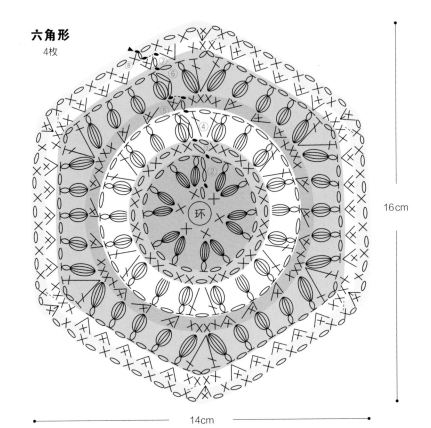

16cm

14cm

主体图案的配色表

行数	11	12
8	红色系	绿色系
7	樱花粉	象牙色
6	粉色	灰色
5	红色系	绿色系
4	樱花粉	象牙色
3	粉色	灰色
2	红色系	绿色系
1	红色系	绿色系

完成图

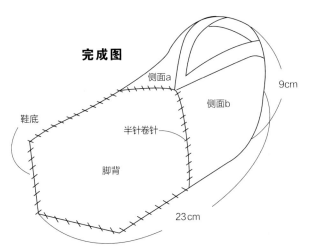

侧面a

侧面b

9cm

鞋底

半针卷针

脚背

23cm

基础课程

半针卷针

将两块要缝合的编织物并拢对齐，用穿好线的缝针，一针一针缝合两块编织物边缘外侧的半针。

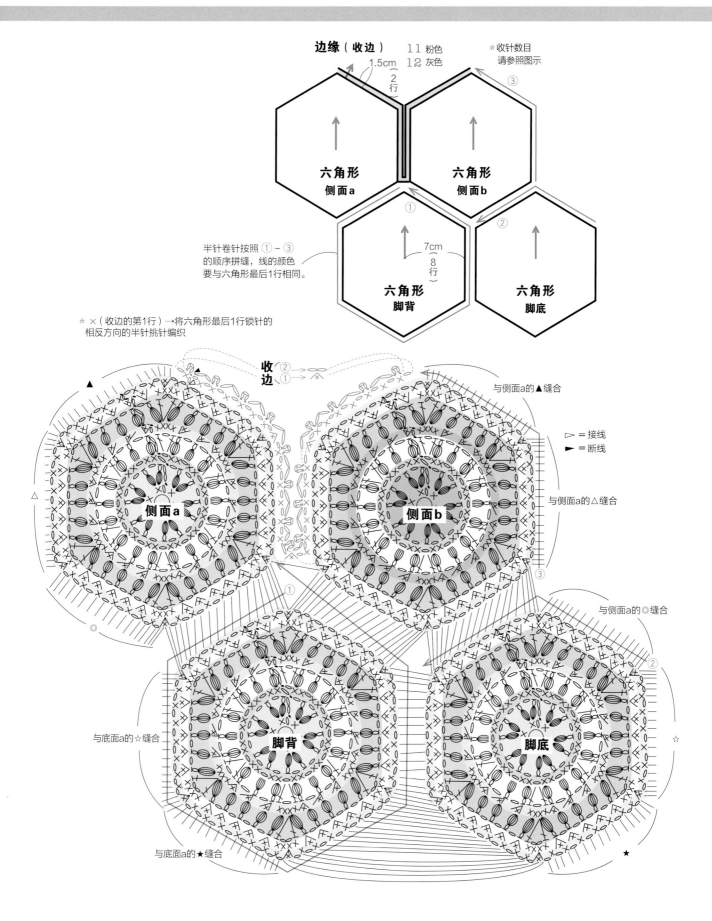

边缘（收边）　　11 粉色
　　　　　　　　12 灰色

1.5cm（2行）

＊收针数目
请参照图示

③

六角形
侧面a

六角形
侧面b

①

7cm（8行）

半针卷针按照①～③
的顺序拼缝，线的颜色
要与六角形最后1行相同。

六角形
脚背

②

六角形
脚底

＊×（收边的第1行）→将六角形最后1行锁针的
相反方向的半针挑针编织

收边
②
①

与侧面a的▲缝合

▲

▲

▷ ＝接线
► ＝断线

△

侧面a

侧面b

与侧面a的△缝合

◎

③

①

与侧面a的◎缝合

与底面a的☆缝合

脚背

脚底

②

☆

与底面a的★缝合

★

13

可爱的仿真皮草款

Faux Fur Slippers

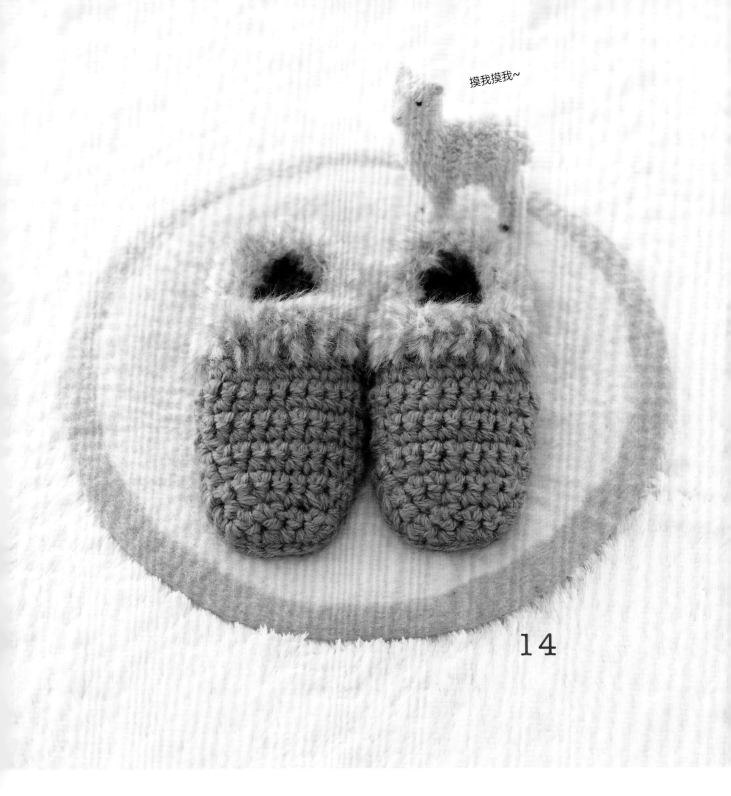

摸我摸我~

14

一种是一看到就忍不住触摸的柔软膨松的绒毛拖鞋。
另一种是仅在鞋口一圈编织绒毛，脚背部分全部采用动物纹路编织设计的漂亮鞋款。
使用2根粗线编织3行便能形成底部，很简单吧！

编织方法／p.26　设计／Mariko

13,14 可爱的仿真皮草款 图片／p25，p25

＊材料和工具

线：Hamanaka品牌毛线

    13　Men's club Master　藏青色（7）40g，Lupo(Animale)
白色（101）60g

    14　Men's club Master　土黄色（67）95g，Lupo 金色（3）
20g

针：8mm钩针

＊成品尺寸　参照图

＊编织方法（通用）

将藏青色毛线2根一起编织，白色和金色毛线分别用1根编织。

1. 脚底部分，先用藏青色毛线锁14针起针，将锁针的半针和锁针反面的针收针，开始短针编织。然后再将起针后剩下的1根线加进来，一起编织短针。

2. 从第2行开始，正面编织圆筒形状的花样至第3行。

3. 脚背和侧面继续参照图示编织。首先编织脚背部分。13款用白色，14款用土黄色，锁14针起针，将锁针的半针和锁针反面的针挑针，开始编织短针，两侧不断减针编织到第10行。

4. 继续编织1行边缘的短针编织。脚背左侧编织10行短针编织。

5. 锁23针作为侧面的起针。继续编织右侧的边缘，编织10针短针后，断线。

6. 编织侧面，13款用白色，14款用土黄色，从步骤5中起针的脚后跟一侧开始，将锁针的半针和锁针反面的针挑针，然后编织短针。接下来，收起脚背起针剩下的1根线，编织成环。14款在第2行换线，正面编织3行圆筒形状的花样，然后断线。

7. 将脚底、脚背和侧面缝合起来，然后脚背一侧朝向自己引拔编织。

＊皮草纱线在编织后不容易分辨接缝处，所以在缝织关键位置和节点时要频繁地用线做记号。

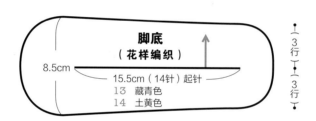

脚底
（花样编织）

8.5cm

15.5cm（14针）起针

13　藏青色

14　土黄色

（3行）（3行）

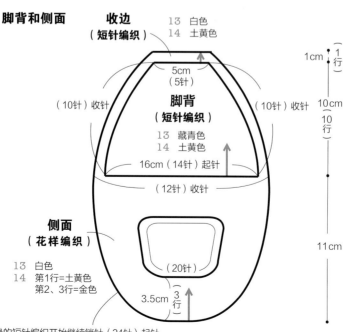

脚背和侧面

收边
（短针编织）

13　白色
14　土黄色

5cm
（5针）

（10针）收针　（10针）收针

脚背
（短针编织）

13　藏青色
14　土黄色

16cm（14针）起针

（12针）收针

1cm（1行）

10cm（10行）

11cm

侧面
（花样编织）

13　白色
14　第1行＝土黄色
　　第2、3行＝金色

（20针）

3.5cm（3行）

从边缘的短针编织开始继续锁针（24针）起针

脚底
花样编织

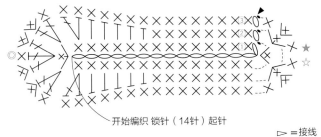

开始编织 锁针（14针）起针

▷ = 接线
► = 断线

脚底

行数	针数	
3	49针	+6针
2	43针	+10针
1	33针	
起针	14针	

脚背和侧面

脚背
短针编织

边缘
短针编织

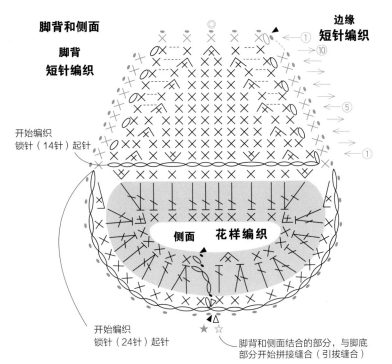

开始编织
锁针（14针）起针

侧面 花样编织

开始编织
锁针（24针）起针

脚背和侧面结合的部分，与脚底
部分开始拼接缝合（引拔缝合）

14 ▨ = 金色

脚背和侧面编织顺序

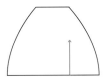

1. 编织脚背

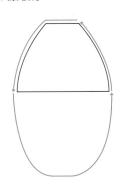

2. 从脚背继续编织；按照脚背
左侧边缘→侧面的起针→脚
背右侧边缘的顺序编织。

3. 步骤2中，从侧面起针的中心
开始收针，然后编织侧面。

完成图

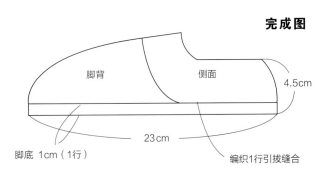

脚背 侧面

4.5cm

23cm

脚底 1cm（1行）

编织1行引拔缝合

27

这是不是就是小雪人雪地靴的姐妹款呢？

15

包脚踝短筒款

Crocheted Booties

16

聪明的御寒对策就是将脚踝包裹起来！
如果您有一双如图中一样的包踝鞋和厚厚的袜子，即使是寒冷的冬日也可以舒适温暖地度过了。
配色条纹交替编织出的泡泡针花纹，给人一种温暖厚实的质感，真是非常可爱的设计啊。

编织方法／p.30　　重点课程／p.7　　设计／Sachiyo*Fukao　　制作／内田 智

15,16 包脚踝高筒款　图片／p.28，p.29　重点课程／p.7

＊材料和工具

线：Olympas Tree House Forest 品牌毛线

　15　红色（104）105g、土黄色（105）35g、米色（102）20g
　16　青磁色（103）105g、象牙白色（101）35g、藏蓝色
　　　（108）20g

针：10/0号钩针、7/0号钩针

＊成品尺寸　参照图

＊编织方法（通用）

除脚底以外，都用7/0号钩针只用一根线编织。

1. 脚底部分用10/0号钩针用2根线编织。锁10针起针，挑里山开始短针编织。
2. 参照编织图中所示，两端加针并编织6行短针。
3. 侧面编织，替换成1根毛线开始编织6行花样A。第1行，从脚底最后1行的短针部分相对一侧的半针开始编织，进行短针单面编织。编完6行之后，不要断线，停针待织。
4. 脚背部分，锁13针作为起针，挑锁针里山编织花样B条纹。每行替换颜色，一共编织16行。
5. 将脚背部分起针行与侧面部分脚尖部位缝合。
6. 用侧面停针的线开始继续编织脚踝部分。脚踝部分，按图中从侧面和脚背的边缘并针编织花样A，一共7行。
7. 边缘编织，换米色线，从脚踝部分挑针编织3行。

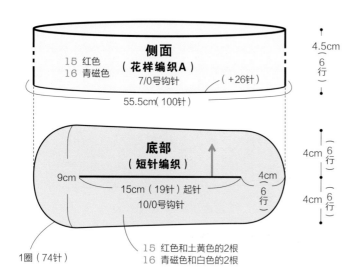

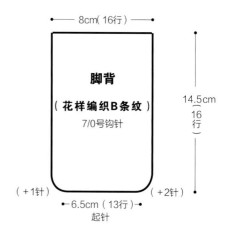

脚背 花样编织B条纹配色表

行数	15	16
16	红色	青磁色
15	米色	藏蓝色
14	土黄色	象牙白色
13	红色	青磁色
12	米色	藏蓝色
11	土黄色	象牙白色
10	红色	青磁色
9	米色	藏蓝色
8	土黄色	象牙白色
7	红色	青磁色
6	米色	藏蓝色
5	土黄色	象牙白色
4	红色	青磁色
3	米色	藏蓝色
2	土黄色	象牙白色
1	红色	青磁色

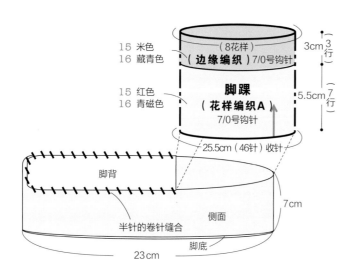

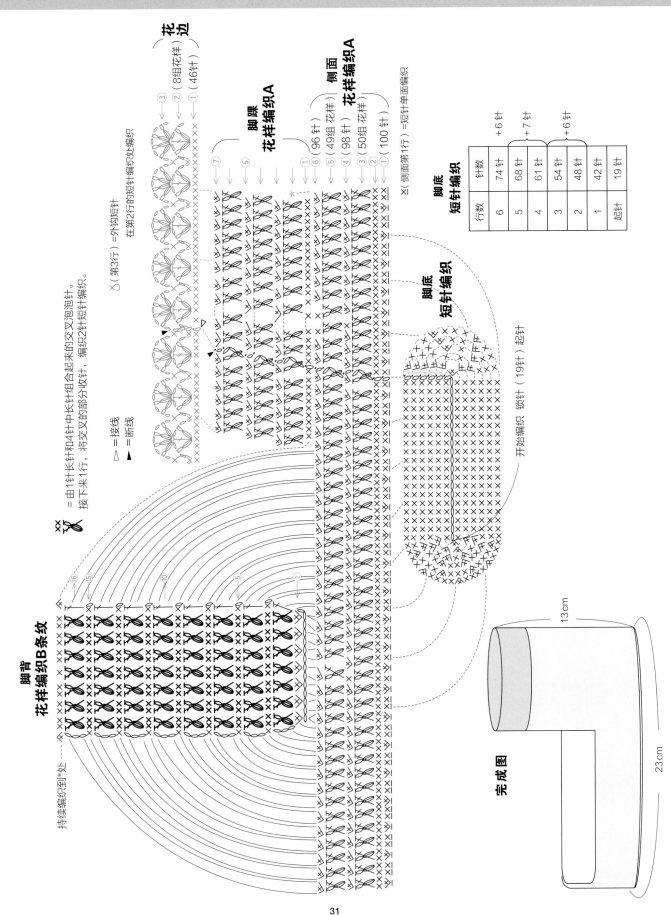

花边

③
②（8组花样）
①（46针）

ㄨ（第3行）=外钩短针

在第2行的短针编织处编织

脚踝
花样编织A

⑦
⑤
①
（96针）
⑥
⑤（49组花样）
④（98针）
③（50组花样）
②
①（100针）

侧面
花样编织A

ㄨ（侧面第1行）=短针单面编织

▷ =接线
◀ =断线

ㄨㄨ =由1针长针和4针中长针组合起来的交叉泡泡针。
ㄨ 接下来1行，将交叉的部分收针，编织2针短针编织。

脚背
花样编织B条纹

持续编织到*处

⑯
⑮
⑩
⑤
①

脚底
短针编织

脚针编织
短针编织

开始编织 锁针（19针）起针

脚底
短针编织

行数	针数	
6	74针	+6针
5	68针	+7针
4	61针	+7针
3	54针	+6针
2	48针	+6针
1	42针	+6针
起针	19针	

完成图

13cm

23cm

温暖的陪伴!

17

花边翻领款

Comfort Crochet Slippers

18

短针双面编织形成的凹凸状纹理是一种轻快感的装饰。
用纱线钩织的可爱小翻领，暖意融融，和简单但是却印象深刻的钩织鞋，真是绝妙搭配。
穿上它，会舒适得让你瞬间忘记一天的疲惫。

编织方法／p.3　　设计／Sachiyo*Fukao　　制作／内田 智

17,18 花边翻领款 图片／p.32，p.33

＊材料和工具

线：Ski Melange（极粗）毛线
　　17　藏青色（2508）140g
　　18　粉色（2506）140g
　　Ski Primo 毛线
　　17　水蓝色（4106）60g
　　18　米色（4103）60g
针：9/0号钩针，10/0号钩针

＊成品尺寸　参照图

＊编织方法（通用）

鞋边和翻领以外的部分用Ski Melange（极粗）毛线编织（使用9/0号针）
1. 底部，锁3针起针，挑锁针里山后进行短针双面编织。
2. 主体部分，将中央和两端一起加针编织9行，然后再编织8行之后，左右分开，从鞋口的右侧开始编织17行，断线。
3. 换上新线，从鞋口的左侧开始编织17行。
4. 主体部分编织完成后，从中间对折。用半针卷针缝合脚后跟部分。
5. 将主体部分和鞋底正面拼接，鞋底朝向自己，编织边缘A将主体和鞋底缝合。
6. 翻领，从鞋口开始挑针编织花样。花样编织时，每1行都要更换方向编织，第1和第2行编织成圈，从第3行开始分片重复编织。
7. 编织边缘B，从翻领开始继续收针编织1圈。

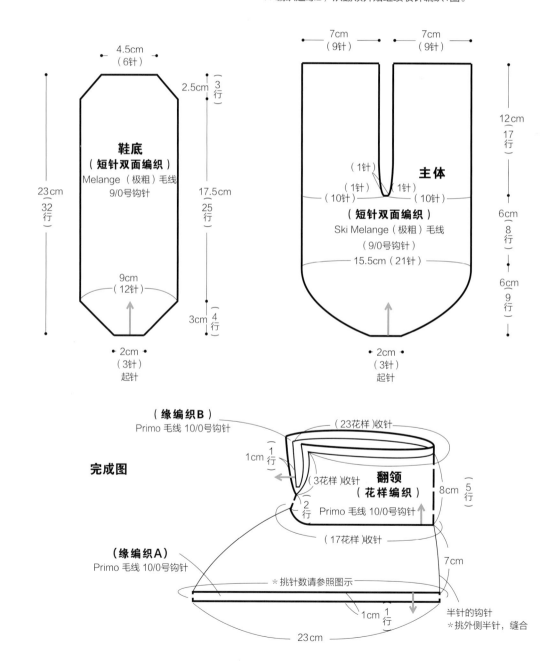

34

脚底
短针双面编织

主体
短针双面编织

卷针

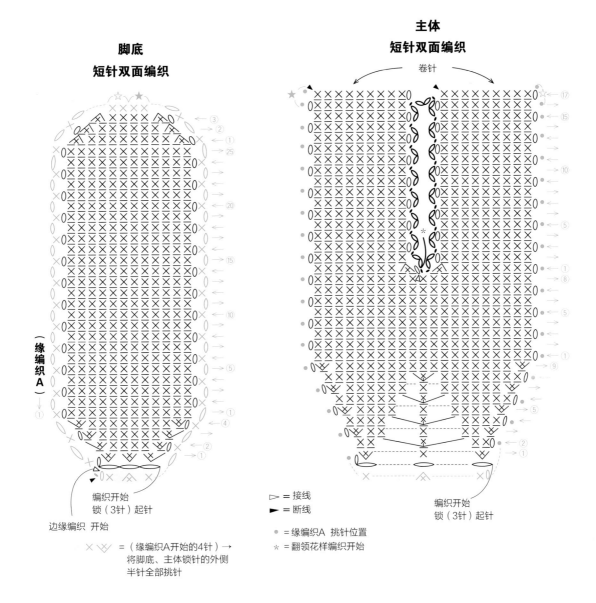

（
缘
编
织
A
）

编织开始
锁（3针）起针

边缘编织 开始

× × ∨∨ =（缘编织A开始的4针）→
将脚底、主体锁针的外侧
半针全部挑针

▷ = 接线
► = 断线

● = 缘编织A 挑针位置
* = 翻领花样编织开始

编织开始
锁（3针）起针

翻领·缘编织

1花样

缘编织B

边缘
花样编织

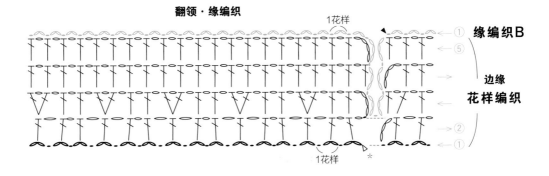

1花样   *

让人放心的安全感~

19

完美包脚的雪地靴款

Casual and Comfy Booties

20

简单的罗纹花样，用长针和外钩长针编织而成。
将市面上出售的羊毛毡做成鞋口毛边，既温暖又结实。
鞋口毛边既可以温暖地包住脚踝，也可以向下折叠后营造另一种时尚感。

编织方法／p.38　设计／镰田惠美子

19,20 完美包脚的雪地靴款 图片／p.36，p.37

＊材料和工具

线：Hamanaka品牌毛线

　　19　Amerry 灰色（22）70g，Lupo（Animale）白色（101）
　　　　25g

　　20　Arant Weed 土黄色（8）70g，Lupo（Animale）茶褐色
　　　　（104）25g

针：5/0号钩针、8/0号钩针

其他：Amerry家居鞋专用羊毛毡鞋底（H204-594）各1组

＊成品尺寸　参照图

＊编织方法（通用）

除鞋口边缘以外全部用Amerry毛线编织。

1．用5/0号钩针，在羊毛毡鞋底的孔（70个）上编织1行短针。留一段线头，在之后缝合时使用。

2．主体，用5/0号钩针锁15针起针，在锁针里山挑针，然后开始编织花样。

3．参照图中所示，每行都变换方向编织17行。

4．继续编织，从鞋口的左侧开始编织花样，编织12行后断线。

5．换上新线，编织鞋口右侧的12行。

6．主体编织完成后的，半针卷针部分与脚后跟缝合。

7．从鞋口的缝合位置开始挑针，将脚踝部分编织成筒状。

8．鞋口边缘的编织，在脚背一侧重新绕线，用8/0号钩针编织7行。

9．将羊毛毡鞋底和主体部分，正面相对，鞋底朝上用引拔针缝合。

（参照p.5作品22的重点课程）

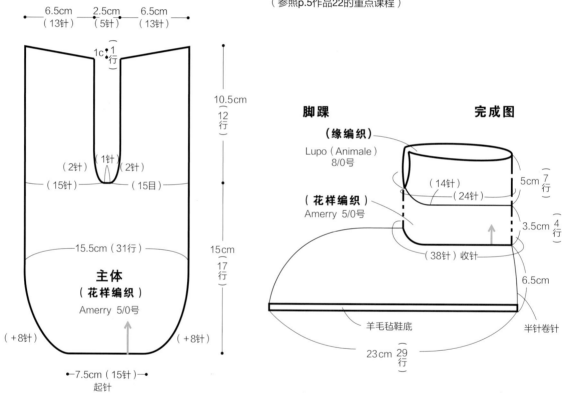

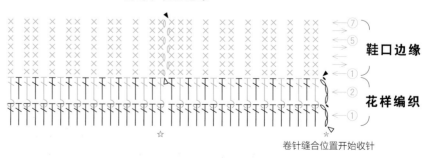

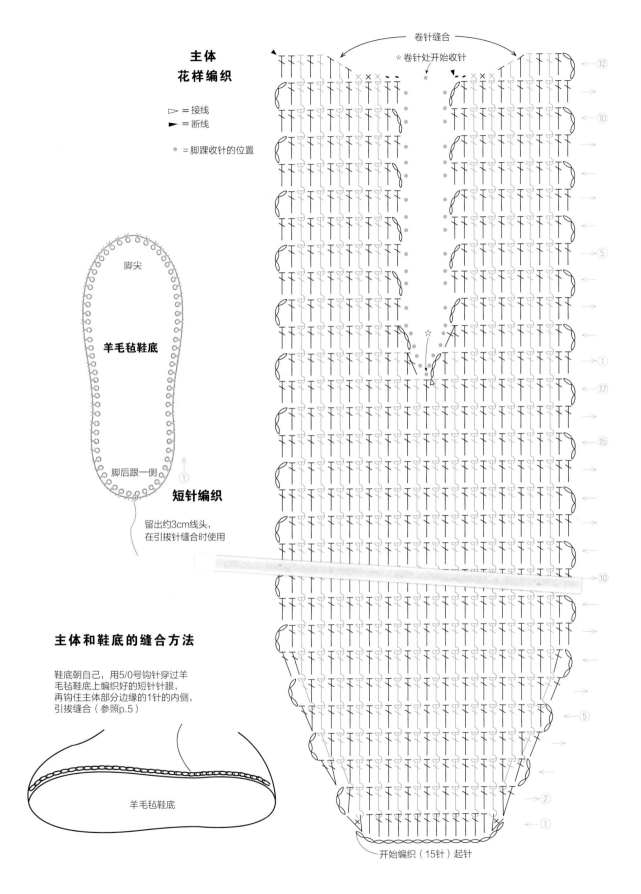

主体
花样编织

▷ = 接线

► = 断线

● = 脚踝收针的位置

卷针缝合

＊卷针处开始收针

脚尖

羊毛毡鞋底

脚后跟一侧

短针编织

留出约3cm线头，
在引拔针缝合时使用

主体和鞋底的缝合方法

鞋底朝自己，用5/0号钩针穿过羊
毛毡鞋底上编织好的短针针眼，
再钩住主体部分边缘的1针的内侧，
引拔缝合（参照p.5）

羊毛毡鞋底

开始编织（15针）起针

21

扭花花样的懒人鞋款

Traditional Aran Pattern

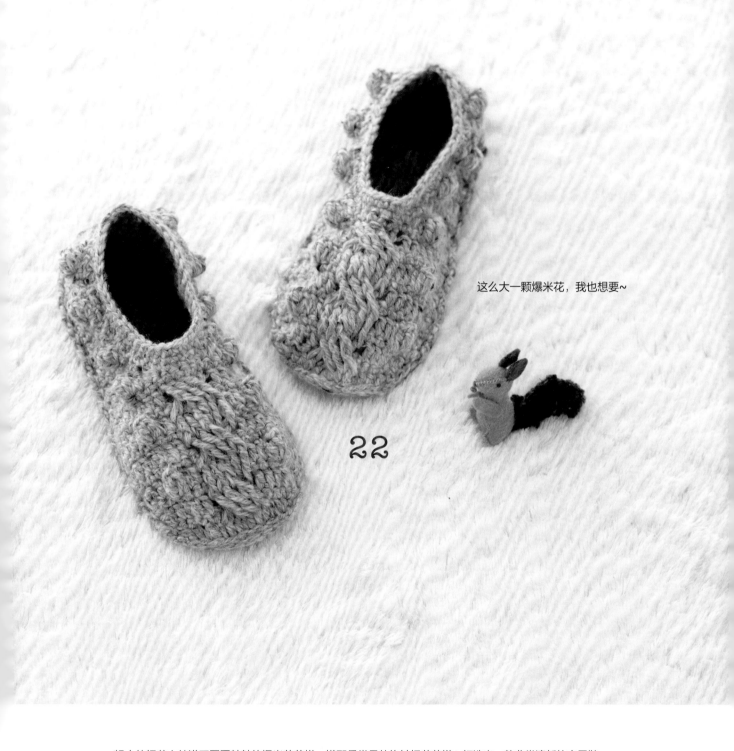

这么大一颗爆米花，我也想要~

22

粗大的扭花上结满了圆圆鼓鼓的爆米花花样，搭配最常见的钩针扭花花样，打造出一款非常清新的家居鞋。
使用市面上可以买到的羊毛毡鞋底，这样就可以节省大把的编织时间，
真是愉快的创作啊。

编织方法／p.42　重点课程／p.5　设计／镰田惠美子　制作／铃木利枝

21,22 扭花花样的懒人鞋款　图片／p.40，p.41　重点课程／p.5

＊材料和工具

线：Hamanaka Arant Weed 品牌毛线
　　21　蓝色（13）60g
　　22　米色（2）60g
针：7/0号钩针
其他：Hamanaka 家居鞋专用羊毛毡底（H204-594）各1组

＊成品尺寸　参照图

＊编织方法（通用）

1. 在羊毛毡鞋底的孔（70个）上编织1行短针。留一段线头，在之后缝合时使用。
2. 主体编织，用钩针锁16针起针，将锁针的里山挑针，然后开始编织花样。
3. 参照图中所示，每行都变换方向编织12行。
4. 继续编织，从鞋口的左侧开始编织花样，编织17行后断线。
5. 换上新线，编织鞋口右侧的17行。
6. 主体编织完成后，将半针卷针部分与脚后跟缝合。
7. 鞋口边缘的编织，在鞋口开始收针，一圈一圈开始编织短针。
8. 将羊毛毡鞋底和主体部分正面相对，鞋底朝上用引拔针缝合。（参照p.5）

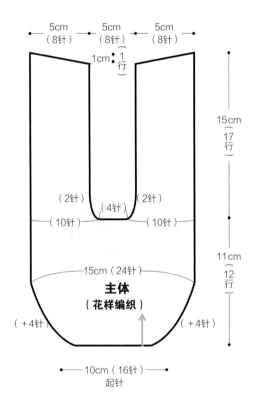

主体
（花样编织）

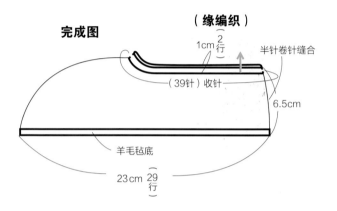

完成图

（缘编织）

半针卷针缝合

（39针）收针

羊毛毡底

23cm 29行

6.5cm

主体和鞋底的缝合方法

鞋底朝向自己，用钩针穿过羊毛毡鞋底上编织好的短针针眼，再钩住主体部分边缘1针的内侧，引拔缝合（参照p.5）

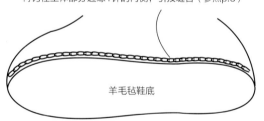

羊毛毡鞋底

脚尖　**羊毛毡鞋底**　脚后跟

短针编织
①

留出约3cm线头，在引拔针缝合时使用

在羊毛毡鞋底上编织短针

1
从羊毛毡鞋底的脚后一侧开始编织短针，将针插入鞋底的小孔，挂线，然后将线抽出。

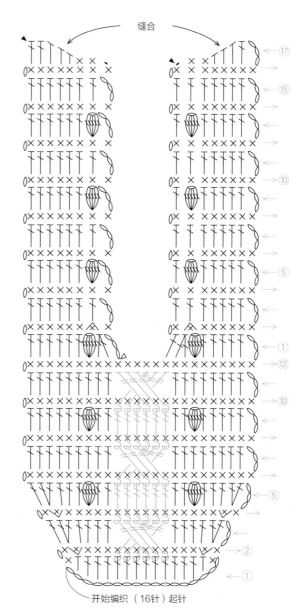

主体
花样编织

▷ =接线
► =断线

缝合

⑰

⑮

⑩

⑤

①

⑫

⑩

⑤

②

①

开始编织（16针）起针

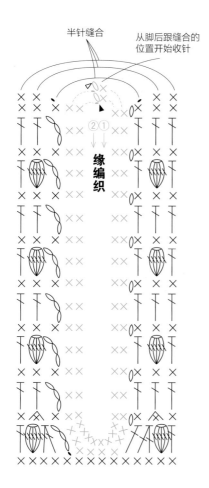

半针缝合

从脚后跟缝合的
位置开始收针

缘编织

②①

2
抽出线之后，再次挂线，并从线圈中
抽出，这样完成1针锁针。右上的小
图是锁1针的样子。继续，在同一个
孔中开始编织短针。

3
图示为编好的1针短针。在每一个小
孔上以同样的方法编织。

4
最后，在最开始的1针短针位置，引拔收
尾，鞋底就完成了。右上小图是引拔完
成的样子。最后留3cm左右线头收尾用。

23

粗花呢的懒人鞋款

Loafer Shoes

复古款和小可爱款，哪个是你所爱呢？

24

相同款式不同风格的懒人鞋。23款鞋，在脚背上采用复古马鞍的款式和对比的配色，并搭配纽扣来做点缀。
24款鞋是采用马海毛刺绣的花朵和鞋边来做装点，极具少女气息。在设计上对装饰物稍作变化，
简单普通的懒人鞋也可以有很多不一样的感觉。更重要的是，粗花呢这一材料本身就可以带来一种温暖美好的感觉。

编织方法／p.46　设计／Matsuyi Miyuki

23,24 粗花呢的懒人款 图片／p.44，p.45

＊材料和工具

线：Hamanaka品牌毛线

　　23　Arant Weed　藏青色（11）65g，红色（14）5g

　　24　Arant Weed　灰色（3）60g

　　　　Alpaca Mohair　粉色（11）10g

针：8/0号钩针，6/0号钩针

附属品：只限23号鞋　扣子（直径1.5cm）4颗

＊成品尺寸　参照图

＊编织方法（通用）

1．从脚趾一侧开始编织。将线头绕成一个线圈，并起针编织6针短针。

2．从第2行开始，每行变换方向，圆筒状编织15行短针。

3．换线编织主体的鞋口部分。每行变换方向编织25行短针。

4．脚后跟，从主体部分接着编织9行短针。23款使用配色编织条纹做装饰。

5．主体编织完两边剩余的9针，与脚后跟的9行，按照编织图卷针缝合。

6．参照图示，两款鞋子分别在鞋口进行鞋口边的编织。

23

装饰带，锁14针起针。将锁针的里山挑针，用短针编织横条。编织过程中变换配色线（藏青色和粉色交替），一共编织6行，然后断线。重新挂线，用6/0号钩针在上面3行编织逆短针。然后将装饰部分重叠在脚背部分的最后一行上，卷针缝合，并在左右缝上扣子。

24

主体的脚背部分，用2根粉色线进行刺绣。

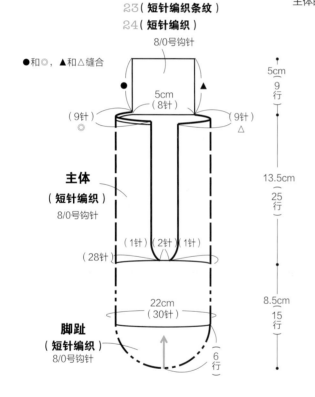

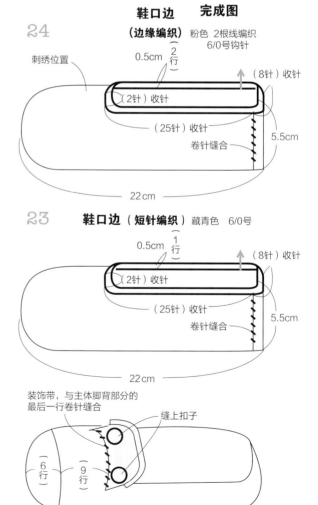

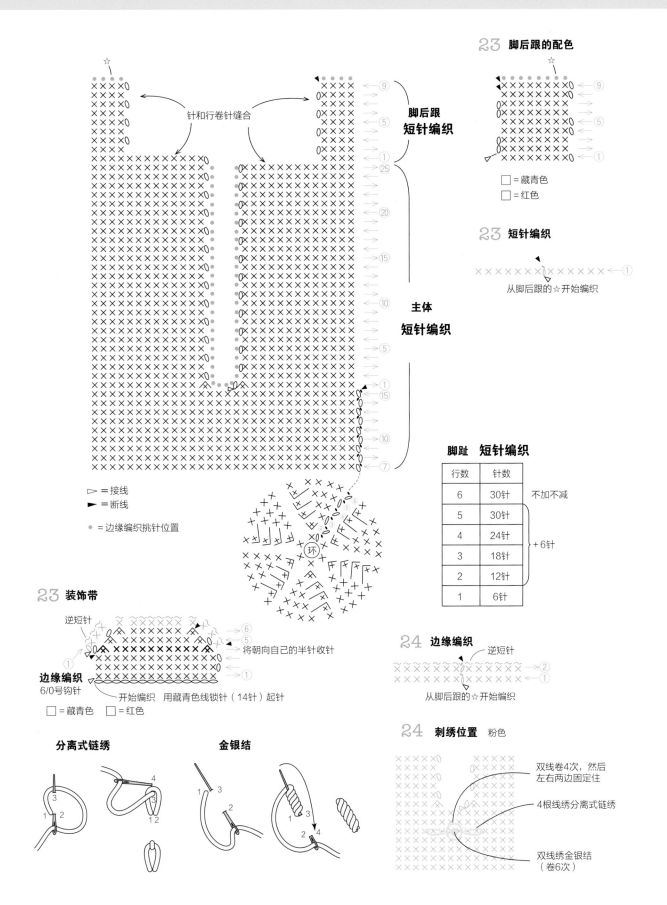

23 脚后跟的配色

□ = 藏青色
□ = 红色

23 短针编织

从脚后跟的☆开始编织

针和行卷针缝合

脚后跟 短针编织

主体 短针编织

▷ = 接线
► = 断线
● = 边缘编织挑针位置

脚趾 短针编织

行数	针数	
6	30针	不加不减
5	30针	
4	24针	+6针
3	18针	
2	12针	
1	6针	

环

24 边缘编织
逆短针
从脚后跟的☆开始编织

24 刺绣位置 粉色
双线卷4次，然后左右两边固定住
4根线绣分离式链绣
双线绣金银结（卷6次）

23 装饰带
逆短针
将朝向自己的半针收针

边缘编织
6/0号钩针
开始编织 用藏青色线锁针（14针）起针
□ = 藏青色 □ = 红色

分离式链绣

金银结

47

毛线编织的花朵也很生动呢!

25

少女系花朵主题款

Flower Motif Slippers

26

花朵和荷叶边永远都是少女系的标志。
主体部分采用简单的短针编织制作，重点装饰的花朵营造出一种华丽雍容的爱尔兰复古风的感觉。
可以参照本书采用深浅两色搭配，也可以只用一种颜色编织，都非常漂亮。

编织方法／p.50　设计／Mariko

25,26 少女系花朵主题款 图片／p.48，p.49

＊材料和工具

线：Olympas Make Make Natural品牌毛线

25 灰色（602）90g

26 酒红色（610）80g，粉色（603）10g

针：8/0号钩针

＊成品尺寸 参照图

＊编织方法（通用）

26款除了指定用色外，全部都用酒红色编织。

1. 鞋底，锁24针起针，在锁针的里山挑针开始编织短针，继续将起针剩下线头拿来一起编织短针。

2. 参照图示，两边加针一行一行进行花样编织，共5行。

3. 接着编织侧面的短针。25款编织完成之后，不要断线，停针待织。

4. 花朵，做一个线圈，然后钩6针短针，再如图所示编织，最后编织花朵边缘。另外再编织一个毛线球，固定在花朵的中心。

5. 将侧面和花朵的★与☆，●与◎的记号对称缝合，然后将鞋面朝向自己，用钩针将花朵引拔缝合在鞋子上。

6. 边缘编织，从鞋口开始挑针，编织2行。25款从停针待织的线开始继续编织，26款变换颜色后继续编织。

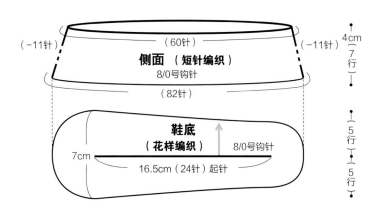

（-11针） （60针） （-11针） 4cm 7行

侧面 （短针编织）

8/0号钩针

（82针）

鞋底

（花样编织） 8/0号钩针

7cm

16.5cm（24针）起针

5行

5行

花朵中心的毛线球

8/0号钩针

25 灰色

26 酒红色

单独编织，然后缝在花朵中央

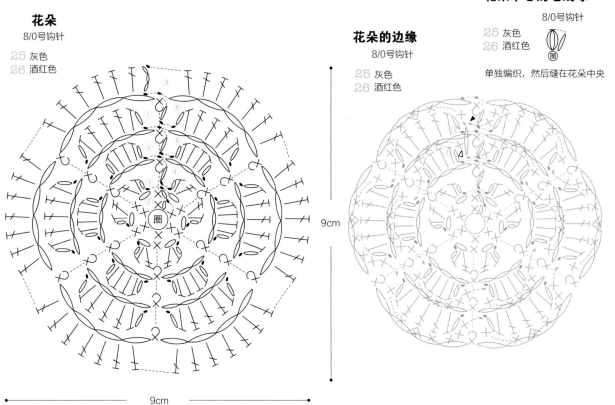

花朵

8/0号钩针

25 灰色

26 酒红色

圈

花朵的边缘

8/0号钩针

25 灰色

26 酒红色

9cm

9cm

花朵与侧面的缝合方法和花朵边缘的织法

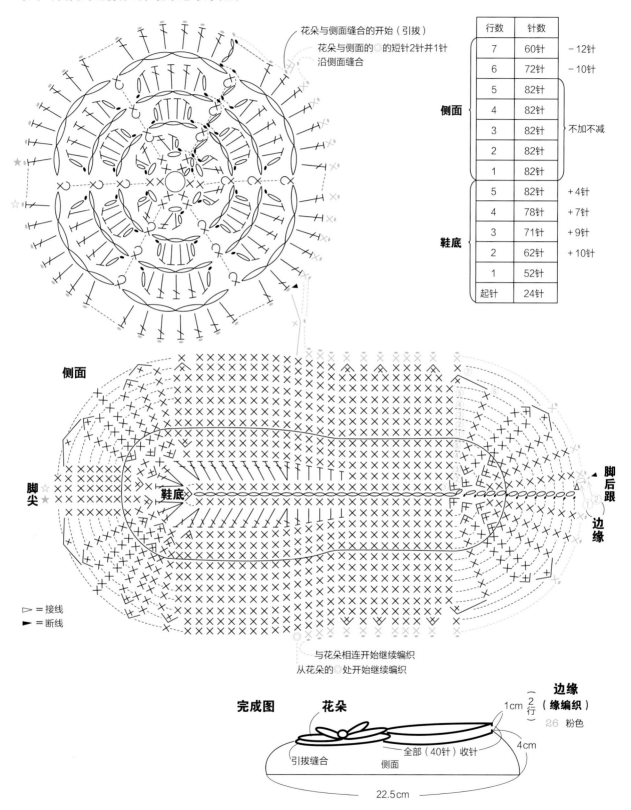

花朵与侧面缝合的开始（引拔）
花朵与侧面的◎的短针2针并1针
沿侧面缝合

行数	针数	
7	60针	－12针
6	72针	－10针
5	82针	
4	82针	
3	82针	不加不减
2	82针	
1	82针	
5	82针	+4针
4	78针	+7针
3	71针	+9针
2	62针	+10针
1	52针	
起针	24针	

侧面

鞋底

侧面

脚尖

鞋底

脚后跟

边缘

▷＝接线
►＝断线

与花朵相连开始继续编织
从花朵的◎处开始继续编织

完成图　　花朵

边缘（缘编织）
1cm（2行）
26 粉色

引拔缝合　侧面　全部（40针）收针　4cm

22.5cm

51

27

深夜感到饿了，可以看看我哦，
这样就不会饿了~

可爱的小水珠鞋襻款
Polka Dot Shoes

28

带有鞋襻装饰的一款家居鞋。散落着一颗颗饱满的小雪球做装饰。
鞋襻的纽扣做成小绒球和小草莓的形状，是不是很可爱呢？
也可以试试用不同的图案来编织更加新意的鞋子哦。

编织方法／p.54　设计／早川靖子　制作／松本明枝

27,28 可爱的小水珠鞋襻款 图片／p.52，p.53

＊材料和工具

线：Olympas Premio品牌毛线

27 粉色（25）75g，白色（1）20g，红色（15）·绿色（12）
各5g

28 蓝色（7）80g，白色（1）25g

针：5/0号钩针

＊成品尺寸 参照图

＊编织方法（通用）

1. 鞋底，锁37针起针，在锁针的里山挑针开始编织短针，继续将起针剩下线头一起编织1行短针，然后断线。

2. 在指定位置换线，然后参照图示，两侧不断加针，编织9行短针。

3. 侧面继续编织配色花样。第1行，将鞋底短针编织的相对的半针（距离远的）钩住，编织短针单面钩织，脚趾部分不断减针编织15行，在第4行、第8行、第12行处用白色线编织5针中长针的变形枣形针，用主色线将枣形针收拢起来。第15行编织逆短针。

4. 鞋襻，锁30针起针，用和鞋底同样的编织方法编织1行，第2行编织逆短针。然后将鞋襻的两端固定在鞋侧面。

5. 在鞋襻上缝上小装饰物。

27
小草莓，线头绕线圈起针，在线圈上编织6针短针。然后继续编织9行短针，再用法式结的方法均匀绣上白色的小点，最后将绕圈抽紧编织最后1行。草莓的蒂，用线头做一个线圈，如图进行花样编织并将它缝在草莓上。

28
毛线球用双线如图编织。用蓝色线和白色线分别各钩2个毛线球，1个蓝色和1个白色线球为一组，固定在鞋襻上。

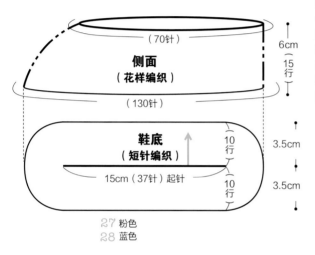

侧面（花样编织）
（70针）
6cm
15行
（130针）

鞋底（短针编织）
10行
3.5cm
15cm（37针）起针
10行
3.5cm

27 粉色
28 蓝色

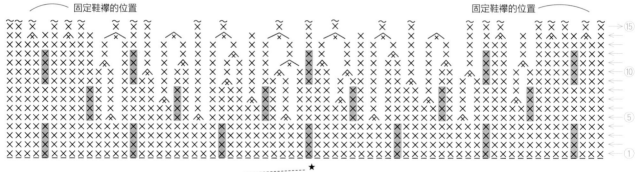

固定鞋襻的位置　　　　　　　　　　固定鞋襻的位置

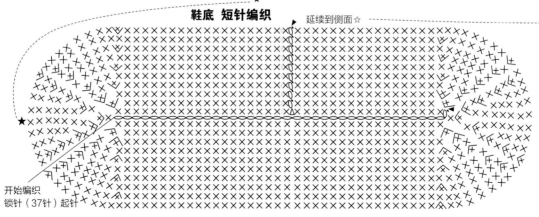

鞋底 短针编织　　　延续到侧面☆

开始编织
锁针（37针）起针

●完成图在p.11

27 草莓
（短针编织）
红色

（12针）

2.5cm（9行）

草莓蒂
（花样编织） 绿色

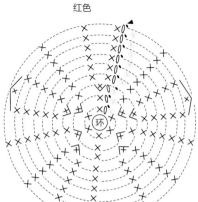

草莓 短针编织

行数	针数	
9	12针	−3针
4~8	15针	不加不减
3	15针	+5针
2	10针	+4针
1	6针	

法式结

白色
法式结

制作方法
1. 无规则地均匀地绣法式结。
2. 在草莓的内里，将线合在一起，钩住最后1针靠近自己一侧的半针，将线与这半针绞在一起。
3. 将草莓蒂缝在草莓最后一行绞线的位置上。

鞋底 短针编织

行数	针数	
10	130针	
9	124针	
8	118针	
7	112针	
6	106针	+6针
5	100针	
4	94针	
3	88针	
2	82针	
1	76针	
起针	37针	

侧面 花样编织

行数	针数	
15	70针	−24针
14	94针	−12针
13	106针	不加不减
12	106针	−2针
11	108针	−6针
10	114针	−4针
9	118针	−2针
8	120针	不加不减
7	120针	−5针
6	125针	不加不减
5	125针	−5针
1~4	130针	

逆短针

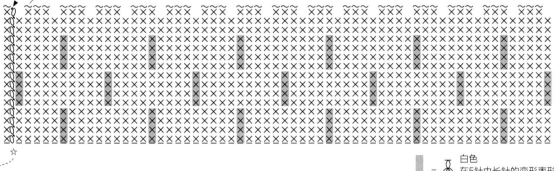

侧面
花样编织

= 白色
在5针中长针的变形枣形针上，钩针在第3行下面入针，把下面的部分包裹住缝制。

鞋襻（花样编织）
27 粉色
28 蓝色

1.5cm

12.5cm（30针）起针

（2行）（2行）

鞋襻 花样编织

开始编织 锁针（30针）起针

逆短针

28 小绒球
蓝色/白色

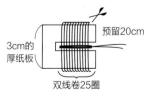

预留20cm
3cm的厚纸板
双线卷25圈

修剪至直径2cm

本书使用的线材

（图片为实物大小）

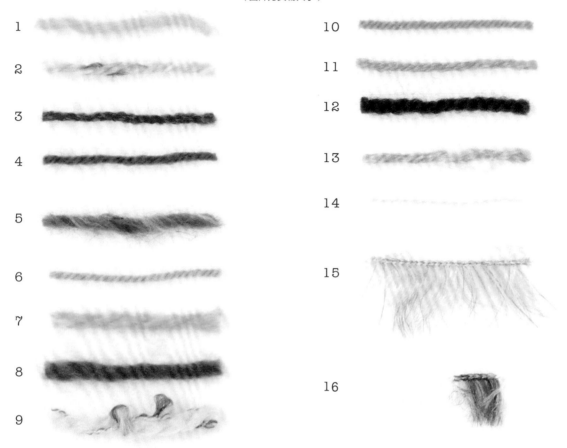

1 Olympus make make natural
羊毛 90%(美利奴羊毛)、腈纶10%/10号色 /1团 25g/ 约 45m/ 钩针 8/0 〜 10/0 号

2 Olympus Ever Tweed
羊毛96%(内含塔斯马尼亚corriedal羊毛33%)、尼龙4%/13号色/1团40g/约78m/钩针7/0〜8/0号

3 Olympus Tree House Forest
羊毛70%(美利奴羊毛)、羊驼毛30%(Fine羊驼毛)/10号色/1团40g/约90m/钩针6/0〜7/0号

4 Olympus Premio
羊毛100%(内含塔斯马尼亚Polo worth40%)/26号色/1团40g/约114m/钩针5/0〜6/0号

5 Ski World Selection Fano
羊毛47%、腈纶47%、人造纤维6%/8号色/1团40g/约96m/钩针7/0〜8/0号

6 Ski Mariene
羊毛100%/15号色 /1团 40g/约77m/钩针 6/0 〜 7/0 号

7 Ski melangecg 混合极粗毛线
羊毛100%/10号色 /1团 40g/约38m/钩针 8/0 号〜 7mm

8 Ski Primo Kuchen
羊毛100%/13号色 /1团 50g/约40m/钩针 10/0 号〜 7mm

9 Ski Primo Tail
腈纶 68%、羊毛 26%、涤纶 4%、羊驼毛 2%/8号色 /1团 40g/约 34m/钩针 10/0 〜 8mm

10 Hamanaka Amerry
羊毛70%(新西兰美利奴羊毛)、腈纶30%/24号色 /1团 40g/约110m/钩针 5/0 〜 6/0 号

11 Hamanaka Fairlady50
羊毛70%(使用防缩羊毛)、腈纶30%/47号色 /1团 40g/约100m/钩针 5/0 号

12 Hamanaka Men's club Master
羊毛 60%(使用防缩羊毛)、腈纶40%/32号色 /1团 50g/约 75m/钩针 10/0

13 Hamanaka Aran Tweed
羊毛 90%、羊驼毛 10%/13号色 /1团 40g/约 82m/钩针 8/0 号

14 Hamanaka Alpaca Mohair
安哥拉山羊毛 35%、腈纶 35%、羊驼毛 20%、羊毛 10%/22号色 /1团 25g/约 110m/钩针 4/0 号

15 Hamanaka Lupo
人造纤维 65%、涤纶 35%/11号色 /1团 40g/约 38m/钩针 10/0 号

16 Hamanaka Lupo(Animale)
人造纤维 65%、涤纶 35%/5号色 /1团 40g/约 38m/钩针 10/0 号

● 1〜16由上而下分别表示：线材名称/材质/色号/重量/线长/适用针号。
● 色数是截至2014年12月为止的数据。
● 由于印刷的原因，难免存在色差。

●p.18 9,10 泡泡针小狗款和泡泡针小羊款

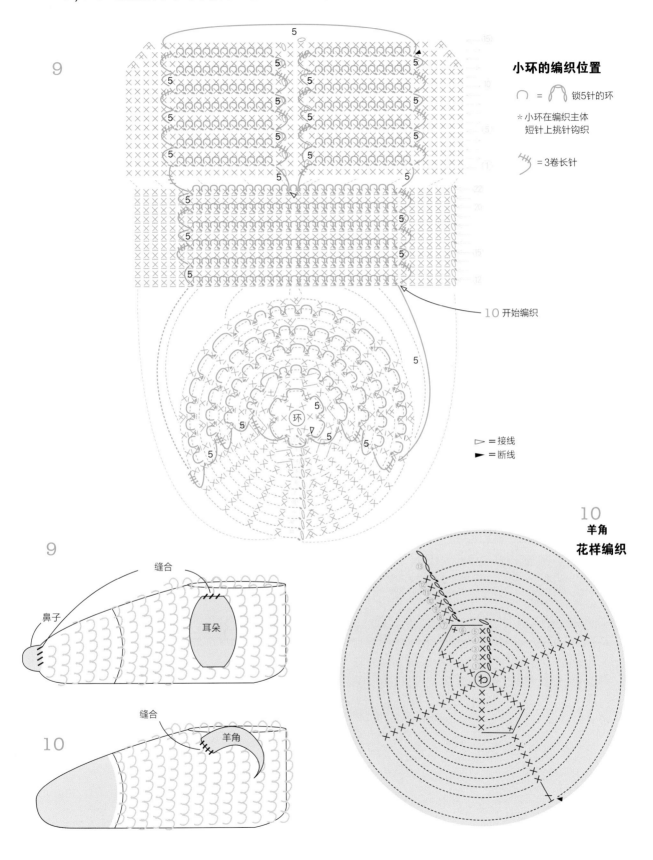

9

小环的编织位置

∩ = 锁5针的环

＊小环在编织主体
短针上挑针钩织

= 3卷长针

10 开始编织

▷ = 接线
► = 断线

环

9

缝合
鼻子
耳朵

10

缝合
羊角

10
**羊角
花样编织**

わ

● p.14 6~8 北欧风格主题花样款

6

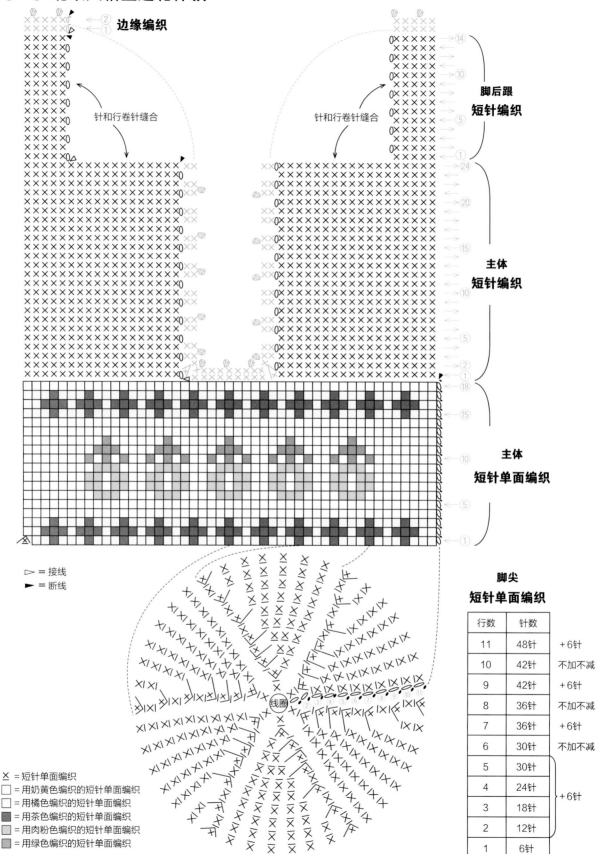

边缘编织

针和行卷针缝合

脚后跟
短针编织

主体
短针编织

主体
短针单面编织

▷ ＝ 接线
► ＝ 断线

脚尖
短针单面编织

行数	针数	
11	48针	+6针
10	42针	不加不减
9	42针	+6针
8	36针	不加不减
7	36针	+6针
6	30针	不加不减
5	30针	+6针
4	24针	
3	18针	
2	12针	
1	6针	

线圈

✕ ＝ 短针单面编织
□ ＝ 用奶黄色编织的短针单面编织
□ ＝ 用橘色编织的短针单面编织
■ ＝ 用茶色编织的短针单面编织
▨ ＝ 用肉粉色编织的短针单面编织
▨ ＝ 用绿色编织的短针单面编织

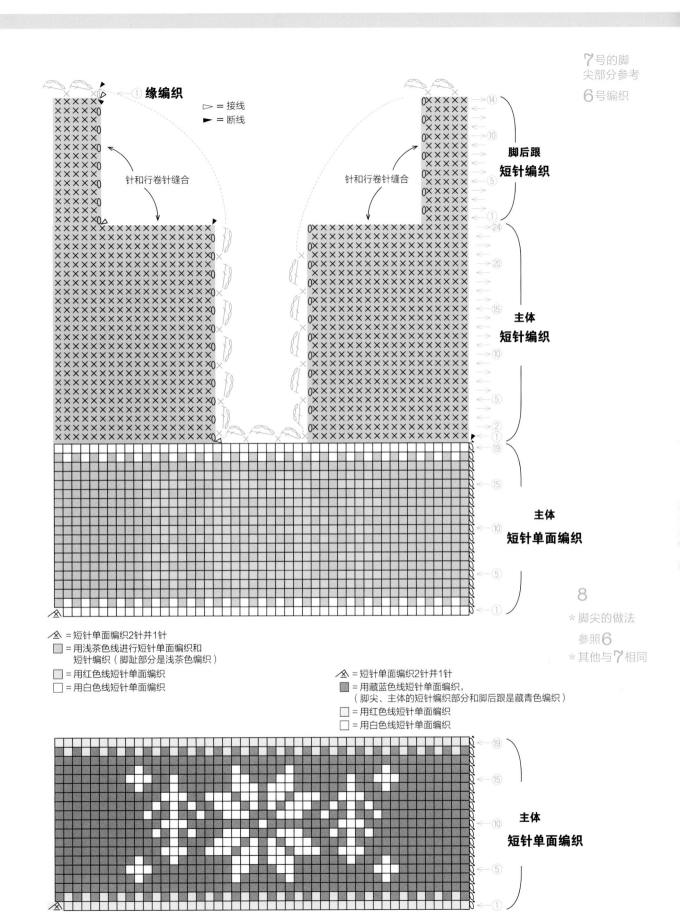

① 缘编织

▷ = 接线
► = 断线

针和行卷针缝合

针和行卷针缝合

脚后跟
短针编织

主体
短针编织

主体
短针单面编织

8
*脚尖的做法
参照**6**
*其他与**7**相同

⚠ = 短针单面编织2针并1针

▨ = 用浅茶色线进行短针单面编织和
短针编织（脚趾部分是浅茶色编织）

▨ = 用红色线短针单面编织

☐ = 用白色线短针单面编织

⚠ = 短针单面编织2针并1针

▨ = 用藏蓝色线短针单面编织，
（脚尖、主体的短针编织部分和脚后跟是藏青色编织）

☐ = 用红色线短针单面编织

☐ = 用白色线短针单面编织

主体
短针单面编织

59

符号图解的理解方法

本书符号图解均以正面视角呈现以及日本工业规格（JIS）为标准的。
符号图解中并没有正针和反针的区别（引拔针除外），即便是正反两面交换编织的平针的情况下，
符号图的表示也是一样的。

*从中心开始编织圆形的情况

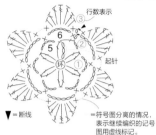

行数表示

环　⑤⑥　起针

▼=断线

=符号图分离的情况，表示继续编织的记号图用虚线标记。

绕一个线圈（或者钩1针锁针）作为圆心，逐行编织圆形。各行都从同一个位置的开始编织。基本上，这一类型的符号图图示都以正面为准，按照逆时针方向的顺序编织。

*片织的情况

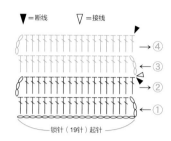

▼=断线　▽=接线

①②③④

锁针（19针）起针

左右起针片织。一般的做法是：如果从右侧起针时，要将正面朝向自己，按照从右至左的顺序编织。如果从左侧起针，要将反面朝向自己，按照从左至右的顺序编织。图示为在第3行换配色线的符号图。

锁针

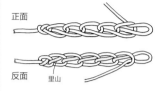

正面

反面　里山

锁针有正反两面。反面的中央伸出的一根线，被称为锁针的里山。

线和针的握法

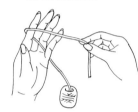

1　将线穿过左手小拇指和无名指之间，然后将线绕在食指上，置于前侧。

2　用大拇指和中指捏住线头，食指挑线，让线形成一个别针的形状。

3　用大拇指和食指握住钩针，将中指轻轻抵住钩针头。

最初的针的编织方法

1　将钩针按照箭头方向旋转1圈。

2　再在针上挂线。

3　针钩住线，从线圈抽出（朝自己的方向）。

4　拉紧线头，将针圈收紧。这样就完成最初的针了。（数针数时此针不算作1针）

起针

环

从中心开始编织圆形的情况（用线端做1个圈）

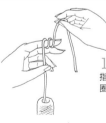

1　将线在左手食指上绕2圈，做成线圈。

2　将手指上的线圈取下来，插入钩针，然后在针头挂线，如箭头方向抽出。

3　继续在钩针上挂线，然后抽出线。这样就钩好了起头的1针。

抽出的1针

4　第1行，将针插入线圈，钩适当针数的短针。

5　将钩针抽出，将中心线圈抽紧。

6　第1行编织到最后，将钩针插入到最初的短针的顶部，再在钩针上挂线，将线抽出。

从中心开始编织圆形的情况（用锁针做1个圈）

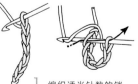

1　编织适当针数的锁针，将针插入最开始的1针的半针中，如图将线抽出。

2　针头挂线，从线圈抽出，这样就钩好1针起头的锁针了。

3　将针插入锁针辫子环中，如图编织适当的针数将锁针环包起来。

4　第1行编织到最后，将钩针插入到最初的短针顶部，再在钩针上挂线，之后将线抽出。

起针

片织的情况

1针锁针立针

编织适当针数的锁针和立针，将钩针插入从立针往下数的第2针锁针，挂线后抽出。

在针头挂线，按照箭头所示方向将线抽出。

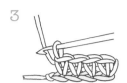

这样就编好第1行了。（立针锁针不能算作1针）

在前行针圈挑针

根据符号图解，即使是相同的枣形针，其挑针方法也不尽相同。符号图解的下方封闭时，在前行的针里挑针编织，符号图解的下方开口时，将各线圈合成整束进行挑织。

织入针里

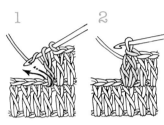

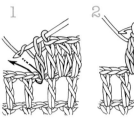

整束进行挑针

编织针法符号

锁针编织

起针，然后在针头挂线。

将线抽出，完成1针锁针。

重复步骤1、2，然后继续编织。

5针

5针锁针完成。

引拔编织

将钩针插入前行的针中。

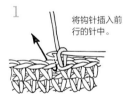

在针头上挂线

将线引拔抽出。

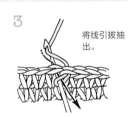

1针引拔针完成。

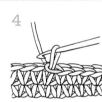

✕ 短针编织

将钩针插入前行的针中。

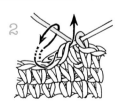

针头挂线，将线圈朝自己的方向抽出。

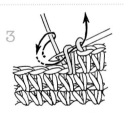

针头再次挂线，将2针一起引拔抽出。

1针短针完成。

中长针编织

针头挂线，将针插入上1行的针中，将线挑起。

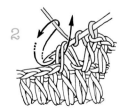

继续在针头挂线，然后朝自己方向抽出。

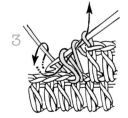

继续挂线，将3个线圈一起引拔抽出。

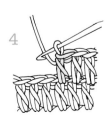

1针中长针完成。

61

编织针法符号

长针

1 在针上挂线，将针插入前行的针中，再继续挂线，然后将线圈朝自己的方向抽出。

2 根据箭头所示，在针上挂线，将2个线圈引拔抽出（这个状态叫未完成的长针编织）。

3 再一次在针上挂线，将剩下的2个线圈如箭头所示引拔抽出。

4 1针长针编织完成。

长长针

三卷长针编织

※（ ）里面表示三卷长针编织的次数

1 在针头挂2次（3次）线，然后将针插入前行的针圈里，再次挂线，然后将线圈朝自己方向抽出。

2 如箭头方向在针上挂线，将2个线圈引拔抽出。

3 重复步骤2共2次（3次）。

4 1针长长针编（三卷长针）织完成。

短针2针并1针

1 如箭头方向将钩针插入前行的1针中，将线圈抽出。

2 从下一针开始以同样方法将线圈抽出。

3 在针上挂线，如箭头方向将3个线圈一起引拔抽出。

4 短针2针并1针完成（比前行减少1针的状态）。

短针1针分2针

短针1针分3针

1 编织1针短针。

2 将针插入同一针里，将线圈引拔抽出，继续编织短针。

3 编入2针短针（比前行多1针的状态），完成1针分2针。

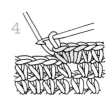

4 再多织1针短针，即编入3针短针（比前行多2针的状态），完成1针分3针。

结粒针

1 编织3针锁针。

2 将针插入短针顶部的半针，然后钩住根部的线（图示灰线）。

3 针上挂线，如箭头方向一起引拔抽出。

4 结粒针完成。

逆短针

1 编织1针锁针，如箭头方向插入钩针。

2 挂线，如箭头方向抽出。

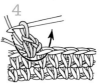

3 拉出的线

再一次挂线，将2个线圈一起引拔抽出。

4 从朝向自己方向开始，如箭头方向将针插入下一针里。

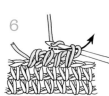

5 挂线，如箭头方向抽出。

6 再次挂线，将2个线圈一起引拔抽出。重复这个步骤，完成逆短针的编织。

	1	2	3	4

 长针2针并1针

 在前行的1针中，编织1针未完成的长针，然后按照箭头方向将针插入下针中，再将线抽出。

 在针上挂线，将2个线圈引拔抽出，编织第2针未完成的长针。

 继续在针上挂线，如箭头方向将3个线圈一起引拔抽出。

 长针2针并1针完成（比上一行减少1针）。

 长针1针分2针

 在编织了1针长针的同一针里，再编入1针长针。

 在针上挂线，将2个线圈引拔抽出。

 再一次挂线，将剩下的2个线圈也引拔抽出。

 在同一针上钩织2针长针的样子。（比上一行增加1针）

 3针长针的枣形针

 在前行的针中编织1针未完成的长针。

 在同一针中插入钩针，再继续编织未完成的2针长针。

 在针上挂线，将目前针上已有的4个线圈一起引拔抽出。

 3针长针的枣形针完成。

 5针长针的圆锥针

 在前行的同一针里，编织5针长针，然后暂时将针从线圈退下，再按照箭头方向重新插入。

 将线圈朝自己方向引拔抽出。

 钩1针锁针，然后收紧。

 5针长针的圆锥针完成。

 短针单面钩织（条纹针）

 正面（朝向自己）编织每行。环状钩织短针，最后1针和第1针引拔编织。

 编织起头的1针锁针，钩住上1行末尾的半针，继续编织短针。

 重复步骤2，继续编织短针。

 这样的话，前1行正面（朝向自己这侧）的半针就形成了一条线。图为编织了3行短针单面钩织的样子。

 短针双面钩织（条纹针）

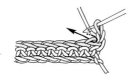 按照箭头方向将针插入前行的针圈内侧半针。

 编织短针，下一针也同样是插入前行的针圈内侧半针。

 编织到行尾，然后换方向编织下一行。

 按照步骤1、2相同的方法将针插入内侧半针，然后编织短针。

外钩短针

※ 片织时，若是正面（朝向自己）编织，则为外钩短针编织。

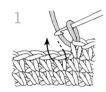

1 如箭头所示，将钩针插入前行的短针针脚里。

2 在针上挂线，抽线时，要抽出比钩短针更长的线。

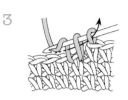

3 再一次在针上挂线，将2个线圈一起引拔抽出。

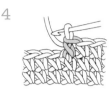

4 1针外钩短针完成。

内钩短针

※往返编织时，若是反面（朝向自己）编织，则为内钩短针编织。

1 如箭头所示，将钩针从反面插入前行的短针针脚里。

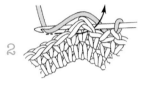

2 在针上挂线，按照箭头所示将钩针从编织物的反面抽出。

3 再次在针上挂线，抽出比钩短针更长的线。将2个线圈一起抽出。

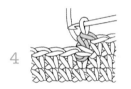

4 1针内钩短针完成。

3针中长针的变形枣形针

1 在前行的同一针上，编织3针半完成的中长针。

2 在针上挂线，按照箭头所示方向将6个线圈一起引拔抽出。

3 继续挂线，将剩下的针一起引拔抽出。

4 3针长编织的变形枣形针完成。

图书在版编目（CIP）数据

钩编软软的日式毛线鞋／日本E&G创意编著；刘雨洁译. --北京：中国纺织出版社，2016.5

ISBN 978-7-5180-2358-5

Ⅰ.①钩… Ⅱ.①日… ②刘… Ⅲ.①拖鞋—钩针—绒线—编织—图集 Ⅳ.①TS935.521-64

中国版本图书馆CIP数据核字（2016）第030178号

原文书名：ふかふか、あったか！ルームシューズ

原作者名：E&G CREATES

Copyright ©eandgcreates 2014

Original Japanese edition published by E&G CREATES.CO.,LTD

Chinese simplified character translation rights arranged with E&G CREATES.CO.,LTD

Through Shinwon Agency Beijing Office.

Chinese simplified character translation rights © 2016 by China Textile & Apparel Press

本书中文简体版经E&G CREATES授权，由中国纺织出版社独家出版发行。

本书内容未经出版者书面许可，不得以任何方式或任何手段复制、转载或刊登。

著作权合同登记号：图字：01-2015-4786

责任编辑：刘茸　　　　　　责任印制：储志伟
版式设计：观止工作室　　　封面设计：培捷文化

中国纺织出版社出版发行
地址：北京市朝阳区百子湾东里A407号楼 邮政编码：100124
销售电话：010-67004422 传真：010-87155801
http://www.c-textilep.com
E-mail: faxing@c-textilep.com
中国纺织出版社天猫旗舰店
官方微博http://weibo.com/2119887771
北京华联印刷有限公司印刷 各地新华书店经销
2016年5月第1版第1次印刷
开本：889×1194 1/16 印张：4
字数：48千字 定价：32.80元